RAPPORT

ADRESSÉ

A LA COMMISSION ADMINISTRATIVE

SUR LES TRAVAUX DE 1885

PAR

Paul CLAES

Directeur du laboratoire agricole de l'État à Louvain

BRUXELLES

P. WEISSENBRUCH, IMPRIMEUR DU ROI

ÉDITEUR

45, RUE DU POINÇON, 45

1886

LABORATOIRE AGRICOLE DE L'ÉTAT A LOUVAIN

RAPPORT

ADRESSÉ

A LA COMMISSION ADMINISTRATIVE

SUR LES TRAVAUX DE 1885.

(Extrait du *Bulletin de l'Agriculture*. — Année 1886, pages 593 à 607.)

RAPPORT

ADRESSÉ

A LA COMMISSION ADMINISTRATIVE

SUR LES TRAVAUX DE 1885

PAR

Paul CLAES

Directeur du laboratoire agricole de l'État à Louvain

BRUXELLES

P. WEISSENBRUCH, IMPRIMEUR DU ROI

ÉDITEUR

45, rue du Poinçon, 45

—

1886

RAPPORT

ADRESSÉ A LA COMMMISSION ADMINISTRATIVE SUR LES TRAVAUX DE 1885.

PAR PAUL CLAES,
Directeur du laboratoire agricole de l'État à Louvain.

Monsieur le Président,

J'ai l'honneur de vous présenter un aperçu des travaux exécutés au laboratoire agricole de l'État à Louvain depuis la date de sa création, qui est celle du 13 juillet 1885. Le choix de Louvain comme siège d'un nouveau laboratoire a été motivé par la situation de la ville, placée au milieu d'une région éminemment agricole, au centre du Brabant, presque sur la limite de la partie flamande et de la partie wallonne de cette province ; puis, par des considérations d'ordre économique permettant l'installation avantageuse et immédiate de cet établissement. Je suis heureux de pouvoir constater le succès qu'il a rencontré auprès du public agricole.

Le nombre d'analyses, les consultations variées qu'on lui a demandées dépassent l'espoir de ceux qui se faisaient le plus d'illusions sur la réussite du laboratoire, et le chiffre auquel ait jamais atteint, pendant les premiers mois de son existence, aucun établissement similaire créé en Belgique. En effet, en moins de six mois, le laboratoire a reçu 401 échantillons se répartissant comme suit :

Matières fertilisantes contenant essentiellement :

Acide phosphorique :	Apatite	1	échantillon.
Id.	Phosphorite	3	id.
Id.	Phosphate fossile. . . .	38	id.
Id.	Noir animal	1	id.
Id.	Superphosphate de chaux .	72	id.
Id.	Phosphate basique . . .	1	id.
Azote :	Sulfate d'ammoniaque . .	12	id.
Id.	Cuir moulu	2	id.
Id.	Déchets de laine . . .	1	id.
Potasse :	Chlorure de potassium . .	2	id.
Chaux :	Plâtre.	3	id.

Matières fertilisantes mixtes.

Superphosphate ammoniacal . . . . . 1 échantillon.
    Id.   nitrique 1   id.
    Id.   organique 1   id.
Engrais complet 3   id.
Guano brut 2   id.
    Id. dissous 4   id.
Purin 1   id.
Tourbe amendée 2   id.

Matières alimentaires.

Tourteau de lin . . . . 1 échantillon.
    Id. de colza 5   id.
Betteraves fourragères 21   id.
Beurre 2   id.
Vin 24   id.
Vin de Champagne 1   id.
Bière 1   id.
Eau de puits 7   id.
    Id. id. artésien 1   id.
Café 1   id.
Sirop de pommes diffusé 1   id.
    Id. de pulpes 1   id.
Mélasse 1   id.
Farine de seigle 2   id.
                Total . . . 66 échantillons.

Produits agricoles et industriels, etc.

Malt . . . . 15 échantillons.
Betteraves sucrières 155   id.
Eaux industrielles 2   id.
Terre 3   id.
Extrait de châtaignier 2   id.
    Id. de marronnier 1   id.
Potasse raffinée 1   id.
Urine 3   id.
                Total . . . 182 échantillons.

Cette variété d'échantillons montre évidemment que le laboratoire a rendu de grands services, et elle représente un travail considérable, c'est-à-dire qu'elle a nécessité 82 essais qualitatifs et 781 déterminations quantitatives, ces dernières se partagent comme suit :

Dosage de l'eau	. . . .	12
Id.	cendres	37
Id.	potasse	10
Id.	fer et alumine	1
Id.	alcool	20
Id.	extrait	40
Id.	acide tartrique	17
Id.	sucre de raisin, etc.	21
Id.	poids spécifique par picnomètre . . .	15
Id.	acide sulfurique	13
Id.	chlore	12
Id.	glycérine	7
Id.	acide nitrique	5
Id.	matières organiques	7
Id.	chaux	7
Id.	acide phosphorique total	52
Id.	id. id. assimilable	88
Id.	id. soluble dans l'eau	1
Id.	azote organique	5
Id.	id. nitrique	4
Id.	id. ammoniacal	24
Id.	urée	3
Id.	azote total	14
Id.	la graisse	9
Id.	la soude	1
Id.	la magnésie	1
Id.	des matières albuminoïdes	2
Id.	des acides gras volatils	2
Id.	la viscosité	1
Id.	l'acide carbonique par pesée	1
Id.	du sucre (polarisation)	176
Id.	divers	178
	Total . . .	781

Dans ces chiffres ne sont pas comprises les analyses nombreuses pour recherches faites de notre initiative privée.

Voici quelques nombres extrêmes et moyens des titres des matières fertilisantes analysées :

		Minima p. c.	Maxima p. c.	Moyenne p. c.
SULFATE D'AMMONIAQUE :	Azote	18.85	20.44	19.97
CHLORURE DE POTASSIUM :	Potasse	51.85	58.93	55.39
PHOSPHATE FOSSILE DU PAYS :	Acide phosphorique	18.27	27.50	25 68
\ID. ID.	Phosphate tribasique correspondant	48.88	60.03	56.05
SUPERPHOSPHATE DE CHAUX :	Acide phosphorique anhydre soluble dans le citrate d'ammoniaque alcalin	8.56	14.81	13.06
CUIR MOULU :	Azote	6.76	9.78	8.27

Le laboratoire n'a reçu qu'un échantillon de sulfate d'ammoniaque de composition anormale; il était fort humide et titrait 18.85 p. c. d'azote.

Un superphosphate dit « basique » m'a été envoyé : ce singulier produit, formé de superphosphate riche et de phosphate basique, n'a naturellement qu'une faible teneur en acide phosphorique anhydre soluble dans le citrate d'ammoniaque alcalin, et cela au grand étonnement du fabricant. Cette rétrogradation provient de la teneur en chaux du phosphate basique.

Parmi les 72 superphosphates de chaux que j'ai analysés, on a exigé, une fois seulement, le dosage de l'acide phosphorique soluble dans l'eau.

Ordinairement, le commerce belge demande le dosage de l'assimilable. Il entend, par ce mot, le dosage simultané de l'acide phosphorique à l'état de phosphate monocalcique et de phosphate bicalcique (rétrogradé).

D'après les expériences que MM. Petermann et Grandeau, et d'autres après eux, ont exécutées, ils ont conclu à l'égale valeur fertilisante du phosphate soluble dans l'eau et du phosphate soluble dans le citrate d'ammoniaque alcalin. Pour ma part, il me semble qu'il est même préférable, à certains égards, d'employer une partie de l'acide sous cette seconde forme, puisque ce phosphate bicalcique est une réserve toujours à la disposition de la plante, réserve que les fortes pluies ne peuvent lui soustraire.

Le dosage de l'acide phosphorique sous ces formes dans les superphosphates est toujours une opération délicate.

J'ai essayé une série de méthodes basées sur différents réactifs. Le réactif employé le plus souvent pour la séparation des deux premières formes de phosphate de la troisième, le phosphate tricalcique, soluble seulement dans les acides, est le citrate d'ammoniaque. La méthode de M. Petermann, en usage dans les laboratoires agricoles belges et dans plusieurs de l'étranger, que j'ai soumise à un rigoureux contrôle pour les superphosphates, m'a donné d'excellents résultats, parfaitement concordants, pourvu que l'on suive exactement le mode opératoire convenu. Cependant, le nombre de fois qu'on agite dans le but d'éviter que la matière ne se colle au fond du ballon contenant le mélange, citrate et superphosphate, pendant la courte durée de la digestion, a une influence sur le résultat final.

Les bains-marie ordinairement employés ont l'inconvénient d'exiger une manipulation spéciale pour chaque ballon et, ceux-ci n'étant pas fixés, on risque de les renverser et on ne peut les immerger assez profondément de manière à avoir la même température dans le ballon que dans le bain. Ces inconvénients se font surtout sentir quand on doit faire, comme nous, de nombreux dosages simultanément.

Les modifications que j'ai apportées à cet appareil remédient à ces défauts et facilitent beaucoup le travail.

À la tôle perforée, rendue mobile, sur laquelle viennent reposer les 6 ou 10 ballons, se trouvent fixées autant de petites tiges à pinces et à 2 fortes anses qui dépassent le bord extérieur du bac à eau. Les pinces servent à fixer invariablement à leur place les ballons et à permettre, en relevant au moyen des anses la tôle perforée, de remuer tous les ballons en une opération avec la plus grande facilité. Un thermomètre et un régulateur de température complètent l'appareil.

Les régulateurs les plus sensibles sont ceux à réservoir à air, mais les Reichert sont les plus en vogue. Je ne puis pas dire en usage, car les laboratoires ne conservent que peu de temps l'emploi de ce précieux auxiliaire. Voici pourquoi : le gaz souille la gouttelette de mercure qui forme obturateur et bientôt l'appareil ne fonctionne plus. Le remède est facile : il faut, ou faire passer le gaz au préalable par un tube élargi contenant de la ouate, ou enlever tous les mois la gouttelette souillée. Grâce à cette simple précaution, mes appareils marchent toujours parfaitement.

La méthode au citrate d'ammoniaque alcalin, excellente pour le but qu'on désire atteindre, ne nous donne qu'une indication incomplète sur la valeur fertilisante relative des différentes formes sous lesquelles l'acide phosphorique se présente dans les matières que la nature ou le commerce fournit comme engrais.

Son action sur le guano brut, les os broyés, les cornes, par exemple, est presque nulle, alors que ces matières contiennent de l'acide phosphorique dont l'action fertilisante est évidente, mais dont il est cependant difficile d'apprécier la valeur relative, ces engrais étant également riches en azote.

Dans la terre, ces phosphates tribasiques, intimement unis aux matières organiques, qui constituent une partie du guano et des os, se transforment en bibasiques par l'action des acides provenant de la décomposition des matières organiques et même du suc des radicelles. Les phosphates fossiles eux-mêmes, employés directement, produisent un effet sur les plantes ; l'état moléculaire de ces composés phosphatés a la plus grande influence sur leur assimilabilité par les végétaux et cette composition moléculaire est entièrement inconnue jusqu'ici.

Quel est l'effet utile de chacun de ces engrais, ou encore, si l'on représente par 100 la valeur fertilisante d'une quantité X de phosphate monocalcique, soluble dans l'eau, combien de kilogrammes des autres engrais phosphatés faut-il employer pour obtenir le même effet en un an, en deux ans? Questions de la plus haute importance, auxquelles nous ne pouvons répondre. Néanmoins, si l'on reconnaît l'utilité de pareilles recherches, on ne peut s'illusionner sur la difficulté qu'il y a à trouver d'abord ces rapports par des essais physiologiques culturaux, tels qu'ils sont entrepris depuis plusieurs années déjà par M. Petermann, ensuite, une méthode qui permette de retrouver directement les valeurs proportionnelles à attribuer aux différentes matières soumises à l'analyse, valeurs qui concordent avec celles que la culture a fait connaître.

D'après les documents que M. H. Fresenius m'a communiqués, M. Paul Wagner n'a pas craint d'aborder un problème aussi ardu. Il a fait des essais de culture, trouvé des valeurs relatives de différents engrais phosphatés, combiné une méthode basée sur l'emploi du citrate d'ammoniaque légèrement acide, par laquelle il retrouve les résultats que la culture lui a fournis.

Depuis la fin de l'année, sa méthode est même déjà adoptée par quelques stations agricoles du sud de l'Allemagne.

Il serait fort intéressant de voir des expériences ultérieures faites dans cette direction. Les recherches dans ce but peuvent rendre les plus grands services à l'agriculture, car, sachant la valeur relative des engrais phosphatés et connaissant le prix de l'unité de phosphate monocalcique soluble dans l'eau, on en déduirait le prix exact à payer pour toutes les matières phosphatées.

Parmi les phosphates que j'ai eu à analyser, destinés à la fabrication des superphosphates, j'ai remarqué une grande différence dans la grosseur des grains.

Il m'a été donné aussi de constater combien plus beaux et plus riches sont, en général, les superphosphates faits avec des phosphates impalpables, à teneur égale en acide phosphorique.

Afin de contrôler une méthode de dosage d'acide phosphorique, j'ai fait une analyse assez complète d'un phosphate de Saint-Symphorien. Je donne ci-dessous les chiffres trouvés; ils peuvent contribuer à l'avancement des études entreprises sur les phosphates du pays :

1. Eau et matières organiques	7.90
2. Silice	11.92
3. Fluor	1.53
4. Acide sulfurique	1.52
5. Id. carbonique.	4.95
6. Id. phosphorique anhydre	23.68
7. Chaux	35.93

8. Magnésie	. . . .	0.65
9. Oxyde de fer et d'alumine	. . . . .	10.82
10. Potasse anhydre	. . . .	0.42
11. Soude	. . . .	1.15
		100.48
A déduire pour fluor oxygène	. . . . .	0.63
		99.84
Traces de chlore, de magnésie, etc.	. . . .	0.16
	Total . . .	100.00

Un seul purin a été analysé au point de vue de l'azote; voici sa teneur :

Azote ammoniacal	. . . .	1^{gr}·50 par litre.
Id. nitrique	. . . .	0 12 id.
Id. organique	. . . .	1 74 id.
	Total . .	3^{gr}·36 par litre.

Pour les matières liquides, j'emploie ordinairement la méthode de Kjeldahl, qui offre beaucoup de facilité. Il suffit d'évaporer avec un peu d'acide sulfurique dans le ballon où se fait l'attaque. Il est avantageux d'avoir des ballons à large et long goulot.

J'ai repris les essais que j'avais commencés en 1883, à Mulhouse [1], sur la méthode Kjeldahl, en modifiant la méthode et les appareils. J'espère arriver à doser ce qu'on appelle l'azote total, c'est-à-dire l'azote sous les quatre formes, en une seule opération.

Sur l'initiative de mon opérateur, M. Schranz, nous avons d'abord fait des essais en éliminant l'acide nitrique par l'acide sulfurique; cela n'a pas réussi avec de fortes parties, 5 à 6 p. c. d'azote nitrique. Puis, comme dosage direct, j'ai essayé différents réducteurs combinés de la chimie organique qui paraissent devoir me conduire à des résultats pratiques. Mon but est de fixer l'acide nitrique sous forme de dérivé carboné nitré et de décomposer celui-ci en ammoniaque ultérieurement.

Le manque absolu de temps et de personnel ne m'a pas encore permis d'achever ces essais. M. Rittmayer, du laboratoire de Stutzer, à Bonn, a publié en août des essais analogues aux nôtres, pour l'élimination de l'acide nitrique par l'acide sulfurique. Il n'a pas obtenu de résultats plus satisfaisants que les miens. Pour le dosage de l'azote organique, j'emploie aussi couramment cette méthode modifiée.

[1] Voir une note à ce sujet dans les *Annales de la Société scientifique de Bruxelles*, 8ᵉ année, 1884.

Une question intéressante m'a été posée au sujet d'une analyse de plâtre : Un plâtre contenant plus de 25 p. c. d'eau peut-il être vendu aux cultivateurs comme matière non falsifiée ?

A mon avis, cette forte quantité d'eau devait provenir d'une altération du produit par de l'eau y arrivée accidentellement. Donc, un honnête commerçant ne peut vendre un tel produit qu'en avertissant l'acheteur de la chose.

Cependant, il me fallait plus qu'une présomption ; je devais avoir la preuve de ce que j'avançais. Grâce à l'obligeance des vendeurs belges, j'ai pu analyser une série de plâtres marchands dont voici la teneur :

N° D'ORDRE.	TENEUR EN EAU.	TENEUR EN CARBONATE de chaux.	N° D'ORDRE.	TENEUR EN EAU.	TENEUR EN CARBONATE de chaux.
7	3 66	1.17	9	15.34	2.30
22	4.18	3 20	12	16.23	0.706
26	6.24	3.58	10	17.23	1.178
5	7.32	5.63	13	17.37	1.69
15	8 26	4.41	341	18.66	2.97
8	9.08	1.39	27	18.76	0.68
6	10.50	6 45	16	18.82	4.26
360	12.70	5.67	26	19.40	0.76
11	12.78	2.67	484	19.50	2.50
14	14.54	1.23	25	20.14	1.17

Il découle de ces chiffres :

1° Que le commerce belge livre aux agriculteurs trois espèces de plâtre : le plâtre cuit, le plâtre partiellement cuit et le plâtre cru ;

2° Que le plâtre qui contient le plus d'eau n'en renferme pas plus de 20 p. c., car le n° 25 est un échantillon provenant d'un plâtre conservé longtemps dans un endroit humide, d'après l'indication de l'expéditeur.

D'autre part, le sulfate de calcium pur $Ca\,SO_4 + 2H_2O$ ne contient que 20.93 p. c. d'eau ; donc, je puis conclure avec raison que la limite maximum d'eau d'un plâtre commercial cru est de 21 p. c.

La teneur en carbonate de calcium était aussi intéressante à connaître.

Elle est comprise entre 0.68 et 2.97 p. c. pour les plâtres crus et entre 1.17 et 5.67 p. c. dans les plâtres cuits.

Le dosage de l'acide carbonique a été fait au calcimètre de Scheibler, l'exactitude étant suffisante pour le but à atteindre. J'ai perfectionné cet appareil en supprimant la vessie, pièce qui se détériore bien vite, et je l'ai remplacée par une légère couche de pétrole au-dessus des deux colonnes d'eau dans les tubes verticaux. Cette couche empêche la dissolution de l'acide carbonique; il faut qu'elle soit d'égale hauteur dans les deux tubes.

Parmi les plâtres soumis à l'analyse, un des échantillons présentait la particularité d'être entièrement formé de petits cristaux soyeux et fort allongés. Il contenait, en outre, 2.78 p. c. de graisse. C'est un résidu de la fabrication des bougies stéariques et non du plâtre naturel. Son action agricole doit être plus lente, me paraît-il.

J'arrive aux produits alimentaires.

Ceux que j'ai analysés se rapportent à l'alimentation du bétail et n'ont pas donné lieu à des observations spéciales. Ces produits sont trop rarement soumis à l'analyse; mais, pour ceux-ci du moins, il existe un système de contrôle.

Les denrées alimentaires pour l'homme, si falsifiées aujourd'hui, ne sont, au contraire, soumises à aucune espèce de contrôle. Sous ce rapport, il y a encore beaucoup, je puis même dire tout à faire, dans la province de Brabant.

Sauf à Bruxelles et à Liége, je pense qu'aucune administration communale ne s'est occupée de la question, si importante au point de vue de l'hygiène, de contrôler le commerce des denrées alimentaires, comme cela se fait dans les autres pays.

Pour donner une idée de l'importance qu'on attache à cette vérification analytique chez nos voisins, je ne citerai qu'un exemple :

Le nombre d'échantillons envoyés par la police et les administrations communales de la province de Nassau, en 1884, au laboratoire de Wiesbaden, s'est élevé à 4,933, dont 651, soit 13 p. c., étaient falsifiés. Or, si telle est la proportion dans un pays où le contrôle de surveillance est des plus actifs et déjà ancien, que ne doit-elle pas être dans les petites villes et les communes rurales du Brabant, où cette surveillance n'existe que peu ou pas? Je n'ai reçu aucun échantillon, ni de l'administration de Louvain, ni des autres localités. Or, le Nassau a une population de 500,000 habitants et celle du Brabant est de 1,034,319. Aussi, quel champ fécond d'exploitation pour les falsificateurs de toute nature !

A titre de curiosité personnelle, j'ai vérifié quelques denrées : du lait coupé avec de l'eau, du beurre à la margarine sont choses communes; mais j'ai encore trouvé du poivre avec 67 p. c. de sable broyé fin; du chocolat, qui n'en avait guère que l'apparence; du safran qui n'en était pas; du thé ayant déjà servi et revendu sans la moindre honte comme importation directe !

Un négociant m'a remis, à titre de renseignement, un produit qu'on lui offrait pour blanchir la farine et qui en augmentait le poids. Ce n'était autre chose que du plâtre très blanc (¹); le sulfate de baryte est aussi employé pour ce genre d'*amélioration* de la farine.

Je n'ai pas eu de loisirs pour faire plus d'essais; mais je suis certain que les fraudes sont faciles à découvrir en grand nombre.

Dans l'intérêt de l'hygiène publique, j'espère que les administrations communales veilleront avec plus de sollicitude à la santé de leurs administrés, en particulier de la classe ouvrière, si digne de toute leur attention. Elles arriveront ainsi à punir sévèrement et à extirper ce commerce malsain, qui n'a pas honte de spéculer sur la santé du pauvre et de lui fournir, sous un aspect trompeur, des aliments incapables de réparer ses forces affaiblies par le travail, car l'ouvrier surtout, s'adresse toujours au meilleur marché et n'a pas les moyens de vérifier la valeur de ce qu'on lui fournit.

Le commerce honnête applaudira aussi à un pareil régime.

Grâce à la création du laboratoire agricole de l'État dans la province de Brabant, à Louvain, et à la facilité que présente le transport rapide des échantillons, aucun obstacle n'existe plus pour retarder le mouvement de progrès dans cette voie, et j'espère, Monsieur le Président, pouvoir l'année prochaine vous annoncer que ce progrès a été accompli.

La plus importante matière que l'homme emploie pour son alimentation est l'eau.

Par les eaux que les particuliers de Louvain m'ont envoyées, j'ai eu l'occasion de constater la parfaite exactitude des conclusions formulées par M. Blas dans son excellent travail : *Contribution à l'étude des eaux alimentaires*.

Les eaux de Louvain sont en général mauvaises et malsaines; beaucoup qui sont contaminées par des infiltrations de puisards et d'égouts qui ne sont pas étanches, contiennent des quantités considérables d'acide nitreux et d'ammoniaque; d'autres sont corrompues par des infiltrations de fosses d'aisance, et celles qui sont les meilleures doivent encore être déclarées mauvaises, si l'on s'en tient aux limites admises pour les pays mieux favorisés que Louvain.

Les méthodes d'analyse que j'ai employées sont celles indiquées aussi par l'auteur cité plus haut; ce sont, d'ailleurs, les plus pratiques; il conviendrait de les voir employer par tous les chimistes, afin de pouvoir comparer les travaux faits sur les eaux du pays.

Sur sept échantillons envoyés par des personnes qui croyaient pouvoir attribuer à leur eau alimentaire les maladies existant chez elles, six ont dû être déclarés dangereux pour la consommation.

(¹) L'emploi, pour la falsification des farines, de ce plâtre, connu dans le commerce sous le nom de « blanchiment » et qui n'est autre chose que du sulfate de chaux précipité, a déjà été signalé, notamment par M. Petermann, en 1883. (*Bulletin de la station agricole de Gembloux*, nᵒ 30, p. 12.)

Ces faits prouvent l'urgence de l'établissement d'une distribution d'eau potable à Louvain.

Une autre catégorie de boissons pour l'analyse desquelles on commence à avoir recours au laboratoire, est celle provenant des industries de fermentation : la bière, notre boisson nationale, et le vin, trop peu fabriqué en Belgique.

L'analyse de ces boissons est délicate ; j'ai étudié cette spécialité en travaillant avec M. Fresenius et le Dr Borgmann, l'œnologue bien connu. Depuis mon retour en Belgique, en moins d'un an, j'ai reçu 123 échantillons de vin à analyser. J'ai souvent constaté des falsifications, mais surtout des coupages.

Le genre de sophistication le plus en usage consiste à vendre des vins coupés. Les coupages se font avec des vins d'autres pays, des vins de raisins secs, du vin pétiotisé ou de seconde cuvée, enfin, des vins schéelisés, avec de l'eau et une addition ultérieure d'alcool et de colorant.

Nous sommes pour le vin trop tributaires de l'étranger et il sait trop bien que nous buvons de confiance, sans aucune vérification, tout ce qu'on nous envoie, pour qu'il ne profite pas de notre insouciance et ne nous livre pas ce qu'il ne peut débiter chez lui, où un contrôle sérieux est organisé.

La France, par exemple, fabrique annuellement 3 à 4 millions d'hectolitres de vin de raisins secs et importe au delà de 10 millions d'hectolitres de vins de coupages étrangers. Or, la fabrication de vin naturel n'excède pas 40 millions d'hectolitres ; la grande partie de son vin doit donc être reçue avec réserve. Encore, si la falsification ne s'opérait qu'en vendant des mélanges de vins plus ou moins naturels, mais souvent les matières employées sont dangereuses pour la santé.

Voici quelques compositions brevetées pour la fabrication des vins que nous reproduisons à titre de curiosité :

A 1,000 parties de sucre et 100 de matières albuminoïdes, on ajoute eau *quantum satis.*

	A.	B.	C.	D.
Résorcine	5.6	»	»	»
Orcéine	17.3	7.3	7.9	9.6
Salpêtre	11.3	»	9.7	6.4
Acide tartrique	10.0	10.0	10.0	10.0
Trinitro-résorcine	»	6.3	»	»
Acide morintanique	»	»	7.4	»
Sulfocyanate de potassium	»	»	3.0	3.5
Tannate de fer	»	»	1.5	1.5
Orthomononitrophénol	»	»	»	4.3
Acide nitrique	10.0	6.3	»	13.5

Malheureusement, ce genre d'analyses ne peut se répandre en Belgique que s'il existe un laboratoire de l'État spécialement outillé, de manière à pouvoir les faire à prix réduit, à titre de service public, ainsi que cela se fait ailleurs.

J'ai reçu beaucoup de vins sucrés, dits de la Touraine, qui sont doux au début, mais deviennent secs à la fin de leur fermentation, par la transformation de leur sucre en alcool.

Néanmoins, le client belge veut les recevoir doux, bon gré mal gré. Le négociant, pour contenter son client, adoucit le vin, mais souvent il ne s'arrête pas là. Du sucre et de l'alcool vont encore rehausser la qualité du vin et une bonne dose d'eau va payer le fabricant de ses peines : il aura deux pièces à vendre au lieu d'une et le client n'en sera pas moins satisfait.

En effet, ce procédé réussit souvent et bien des vins sont dans ces conditions.

Quant aux vins doux, vins de liqueur proprement dits, c'est-à-dire dont la fermentation a été empêchée par le soufrage et l'addition d'alcool, chacun sait en les achetant qu'il ne reçoit pas un vrai vin, mais en réalité un produit de fabrication artificielle.

Je ne m'arrête pas davantage aux vins, parce que j'espère, en 1886, décrire les méthodes que la pratique m'a fait adopter. J'indiquerai en même temps les résultats des analyses que j'ai faites et les falsifications découvertes.

Cependant, avant de passer au poste suivant, je rappelle qu'on entend par vin naturel *le liquide alcoolique obtenu par la fermentation spontanée du jus de raisin frais, sans addition aucune.* L'expression spontanée veut dire : due uniquement aux globules de levure fixés sur les raisins.

Les deux échantillons de beurre envoyés par le public ont présenté une composition normale.

J'emploie l'élégante méthode Reichert pour le dosage des acides gras, volatils : elle est beaucoup plus rapide que la méthode Hehmer. (Dosage des acides gras fixes.)

Certains produits employés dans les industries agricoles entrent aussi naturellement dans le cadre de nos travaux. On s'adresse à nous pour les analyses de matières premières, telles que betteraves, malts, levures, etc. Cependant, je suis d'avis que les produits plus exclusivement commerciaux, tels que le sucre brut, sont du ressort du chimiste privé, et c'est pourquoi j'ai refusé d'exécuter les analyses de sucre que l'on m'a demandées. Il n'y a pas là de but humanitaire à remplir et nous ne pouvons, d'ailleurs, nous astreindre aux exigences commerciales, qui demandent les résultats dans les 24 heures.

La moyenne de la teneur en sucre des betteraves analysées est de 12.75 p. c.

Pour les nombreux essais de malts que nous ont été demandés, les résultats ont toujours été donnés en pour cent d'extrait sur le malt humide tel qu'on le reçoit et non sur la matière sèche, ce qui, d'ailleurs, est rationnel, car le brasseur achète le malt avec une teneur en eau de 5 à 15 p. c.

J'ai entrepris des recherches sur les malts et les levures. Pour ces dernières, j'emploie la méthode Meissel, et j'ai construit un appareil spécial qui paraît donner des résultats pratiques satisfaisants.

Je ne puis omettre de signaler la fraude raffinée que j'ai découverte dans un extrait de marronnier à l'usage de la tannerie. Je crois être le premier à la signaler, elle a une grande importance.

Soit pour le conserver, soit dans le but de tromper, cet extrait avait été additionné d'acide phénique brut, et vendu d'après le titre indiqué par la méthode Lœwenthal, au *permanganate*.

Or, il se fait que cet acide phénique brut a une puissance réductrice très énergique sur la solution de caméléon ainsi que sur l'iode. Par conséquent, ni la méthode au caméléon, ni celle à l'iode ne peuvent être employées directement dans ce cas. L'action sur ces corps est, d'ailleurs, différente et, dans un même extrait légèrement phéniqué, les résultats ne cadrent pas du tout. J'attire donc spécialement l'attention des chimistes qui pourraient être appelés à faire des analyses d'extraits sur cette sophistication.

J'arrive, Monsieur le Président, au chapitre important des consultations, qui nous prennent beaucoup de temps.

Par les entretiens que j'ai eus avec les agriculteurs, dans ces consultations, j'ai pu juger combien il y a encore à faire dans le Brabant. Il s'y rencontre certainement bien des cultivateurs intelligents et instruits ; mais, surtout dans la partie où le sol est plus divisé, il existe beaucoup de petits fermiers qui n'ont pas eu les moyens de s'instruire et qui ignorent les notions les plus élémentaires de la culture rationnelle.

J'ai pu constater que souvent il y en a qui achètent 100 kilogrammes d'engrais chimiques et les répandent sur un hectare de terre épuisée. Après une pareille expérience, naturellement infructueuse, ils abandonnent les engrais chimiques.

D'autres persistent à vouloir produire des pommes de terre et du trèfle avec du nitrate de soude seul.

Enfin, d'autres encore emploient ce nitrate à haute dose et cela constamment sur les céréales, sans jamais y ajouter d'autres éléments fertilisants ; ils épuisent ainsi la réserve de la terre et se plaignent des résultats que donne l'engrais chimique.

Les cultivateurs de toute cette catégorie ont ceci de commun, qu'ils achètent aveuglément, sans garantie de titre, n'utilisant pas les avantages que leur présentent les laboratoires agricoles, parce que leur existence et leur bienfaisante action ne sont pas encore assez connues. J'ai été frappé plusieurs fois de ce fait.

L'enseignement nomade des agronomes officiels aidera beaucoup, j'en suis convaincu, à modifier cette fâcheuse situation en développant l'instruction des cultivateurs.

Grâce au concours de M. Eben, conférencier de la *Société royale d'agricul-*

ture et de botanique de Louvain, nous avons pu montrer à toute une localité le danger qu'il y a pour le cultivateur d'acheter ses engrais sans discernement ni garantie de titre.

Il s'agissait du guano brut, la panacée universelle pour certains cultivateurs.

J'ai analysé deux échantillons vendus respectivement 28 et 36 francs les 100 kilogrammes, comme guanos de première qualité. J'indique ci-dessous la teneur de chaque échantillon et, à côté, le prix auquel on peut estimer la valeur de chaque élément.

```
132. Azote ammoniacal. . . . . . . 1 68 p. c. à fr. 1 70 le kilog., soit 2 85
       Id.  nitrique . . . . . . . Traces.
       Id.  organique . . . . . . 0 71    id.   1 00      id.     0 71
Acide  phosphorique  soluble  dans  le
  citrate d'ammoniaque alcalin. . . . 3 02    id.   0 45      id.     1 35
Acide phosphorique insoluble . . . 20 03    id.   0 30      id.     6 00
Potasse anhydre soluble dans l'eau. . 1 71    id.   0 40      id.     0 68
                                        Valeur. . . . fr.   11 59, vendu 28 fr.

133. Azote ammoniacal . . . . . . 2 48 p. c. à fr. 1 70 le kilog., soit 4 46
       Id.  organique . . . . . . 1 24    id.   1 00      id.     1 24
       Id.  nitrique . . . . . . . Traces.
Acide phosphorique soluble dans le
  citrate d'ammoniaque alcalin. . . . 5 64    id.   0 45      id.     2 53
Acide phosphorique insoluble . . . 8 70    id.   0 30      id.     2 61
Potasse anhydre soluble dans l'eau. . 1 35    id.   0 40      id.     0 54
                                        Valeur. . . . fr.   11 38, vendu 34 fr.
```

Il résulte de ces chiffres que le cultivateur a payé le premier guano environ 16 francs et le second 22 francs trop cher aux 100 kilogrammes.

Quant aux consultations relatives au choix des graines, à leur pureté, à leur pouvoir germinatif, elles sont fort peu nombreuses : je n'en ai donné que deux et je n'ai pas eu un seul essai de germination de graines à faire. On dirait vraiment que le grand cultivateur même ne se rend pas compte des bénéfices ou des pertes que peut lui causer la qualité des semences. La nécessité de l'achat de grains et graines avec garantie de titre, de pureté et de pouvoir germinatif s'impose de jour en jour davantage.

Les consultations se rapportant à la nourriture du bétail sont aussi fort rares, mais par les renseignements qu'on m'a demandés à ce sujet, j'ai pu observer combien peu d'agriculteurs se doutent qu'on sait et doit traiter le bétail comme on le fait pour un champ. Les lois d'une alimentation rationnelle et lucrative sont connues. Il faut au bétail des éléments d'une nature déterminée, des matières albuminoïdes, hydrocarbonées, grasses, le tout combiné intelligemment pour obtenir un rendement considérable en viande, de même que pour un champ, seule l'application rationnelle des matières fertilisantes, etc., peut donner la culture rémunératrice. Souvent des industriels agricoles alimentent

abondamment leur bétail d'une nourriture échauffante, sans la combiner ration-
nellement avec d'autres; aussi les maladies ne sont-elles pas rares.

Un nombre assez considérable de consultations ont eu pour objet les industries
agricoles, spécialement les industries de fermentations.

Grâce à l'étude approfondie que j'ai faite de ces industries et à cinq ans de
pratique, j'ai pu répondre, à la satisfaction des consultants, sur toutes les questions posées, tant pour la brasserie et la distillerie que pour la fabrication des
vins et vinaigres.

J'ai analysé des bières débitées en détail qui étaient déjà gâtées à leur arrivée
chez le détaillant, remplies de ferments putrides et contenant de l'ammoniaque
et de l'acide nitreux. Si l'un de ces caractères suffit pour faire condamner
l'emploi d'une eau, pourquoi ne faudrait-il pas agir de même avec la bière, et
comment ne pas lui attribuer, à elle, souvent la cause de maladies? Il serait fort
intéressant et utile de faire des recherches à ce sujet avec l'aide de la police et le
service hygiénique des villes.

La grande majorité des industriels ignorent complètement ce qui se passe
dans leurs cuves; comment alors marcher de l'avant, quand la routine et l'em-
pirisme seuls guident la fabrication? J'ai eu l'occasion de rendre plusieurs fois
service en conseillant l'analyse des matières employées.

Voici un cas, entre autres : Un brasseur avait deux malts en vue, A et B.
Le malt A vaut un franc de moins que B. Or, A contient 62 p. c. d'extrait,
B 70 p. c., et la saccharification marche plus vite; donc, en réalité, le second
qui coûte un franc plus cher, vaut au moins trois à quatre francs de plus.

Relativement aux vins, à leur coupage, etc., j'ai eu un grand nombre de
demandes de renseignements, quatre de France même, avec analyse à faire.

Il est regrettable que la loi gêne tant la fabrication des vins de raisins secs,
car il serait cependant préférable de faire nous-mêmes nos coupages plutôt que
de les laisser exécuter à l'étranger. Une nouvelle industrie pour le pays naîtrait
par là même.

9 782016 124963